Einen Steingarten anlegen

HS Adams

Writat

Diese Ausgabe erschien im Jahr 2023

ISBN: 9789359258638

Herausgegeben von
Writat
E-Mail: info@writat.com

Inhalt

DER STEINGARTEN

In Europa, insbesondere in England, ist der Steingarten eine etablierte Institution mit einer ausgeprägten Anhängerschaft. Allein die englischsprachigen Arbeiten zu diesem Thema bilden eine beachtliche Bibliographie.

Auf dieser Seite des Atlantiks ist der Steingarten so wenig bekannt, dass er bei der Verschönerung des Heimgeländes ein fast unbeachteter Faktor ist. In diesem Land gibt es einige bemerkenswerte Steingärten, alle auf großen Grundstücken, und in mehreren Fällen wurden hervorragende Arbeiten in kleinerem und weniger kompliziertem Maßstab entweder durch tatsächliche Anlage oder durch Nutzung natürlicher Möglichkeiten geleistet. Aber zumeist hat Amerika seine Steingarten-Vision im Wesentlichen auf den sogenannten „Steingarten“ beschränkt.

Nun ist ein Steingarten mit all den guten Absichten, die dahinter stecken, kein Steingarten. Es ist genauso wenig ein Steingarten, wie eine Reihe von Zedern, die in einem genauen Kreis gepflanzt werden, ein Wald wäre. Ein Steingarten besteht im Allgemeinen aus vielen Steinen, die in einem Erdhaufen stecken, oder, noch schlimmer, aus einer kreisförmigen Anordnung von Steinen, die mit Erde gefüllt sind.

Ein Steingarten ist vor allem nicht künstlich; zumindest was das Aussehen betrifft. Es ist ein Garten mit Steinen. Die Steine können wenige oder viele sein, sie können von der Natur oder durch die Hand des Menschen entsorgt worden sein; aber immer ist die Wirkung naturalistisch, wenn nicht sogar natürlich. Das einzige Credo des Steingartens ist die Natur.

Es gibt so viele legitime – mit anderen Worten: natürliche – Arten von Steingärten, dass es nicht die geringste Entschuldigung für einen Steingarten gibt. Sogar die banalste aller Ausreden, eine Verwendung für verirrte Steine zu finden, wird hinfällig. Jeder genaue Beobachter der Natur kennt diese Arten. Die natürlichen Steingärten reichen von alpinen Pflanzenbeeten oberhalb der Waldgrenze im Hochgebirge über die unteren Hänge und durch Schluchten bis hin zu Feldern auf oder nahe dem Meeresspiegel. Nicht selten reichen sie bis zum Meer hinab, während süße Gewässer sie üblicherweise definieren und, was noch besser ist, hin und wieder in sie eingegliedert werden – hier ein Teich, dort ein Bach. Auch das Moor, die Heide und die Wüste nehmen sie für sich, wenn auch vielleicht nur den näheren Rand. Und errichtet der Mensch durch schwerfällige Anstrengung massive Mauerwerke in geordneter Weise? Eines Tages kommt Unordnung und die Natur lässt die Dinge durch eine andere Art von Steingarten natürlich aussehen. Das

Kolosseum von Rom und die Ruinen von Kenilworth Castle sind nur zwei der unzähligen Beispiele dafür.

Kurz gesagt, hier sind nicht nur die natürlichen Variationen des Steingartens, sondern auch die Inspiration. Kein Steingarten, der diesen Namen verdient, wurde jemals von Menschen angelegt, der sich nicht auf die Erforschung derjenigen verlassen hätte, die die Natur der Welt in verschwenderischer Fülle geschenkt hat. Es gab das Warum und das Wie von allem, und der Mensch sah einfach und nutzte seine Beobachtungen.

Die Vorteile eines Steingartens bestehen in erster Linie darin, dass er ein malerisches Element ist, das nichts anderes bieten kann, und dass er über einen Ort verfügt, an dem einige der schönsten Blumen der Welt wachsen können, die, wenn sie überhaupt gedeihen, niemals gedeihen werden gut im gewöhnlichen Garten sowie unter Bedingungen, die ihrem natürlichen Lebensraum mehr oder weniger nahe kommen. Es kann auch zu einem Vergnügen von außergewöhnlicher Attraktivität gemacht werden. Gelegentlich – und das ist eines der wichtigsten Dinge, die man über den Steingarten lernen sollte – ist er der wahre Schlüssel zur Gartensituation; Es gibt kleine Orte, an denen sich keine andere Art lohnt , sofern sie überhaupt möglich ist.

DIE WAHL EINES STANDORTES

Der beste Standort für einen Steingarten ist dort, wo er sein sollte. Das ist eine traurige Wahrheit, denn dadurch werden einige Häuser aus dem Spiel eliminiert; aber nutzlose Zeitverschwendung wird gespart, wenn dies von Anfang an erkannt wird. Schauen Sie sich zunächst um und schauen Sie, ob Sie eine Stelle haben, an der ein Steingarten aussehen würde, als ob er dorthin gehörte. Das ist der höchste Test. Wenn man nicht dorthin zu gehören scheint, geben Sie die Idee philosophisch auf und genießen Sie die Steingärten anderer Menschen.

Ein Steingarten sollte in der Regel nicht in der Nähe des Hauses liegen; Es ist etwas, das an die Wildnis erinnert und nicht zu den meisten Architekturen passt. Ausnahmen bestehen, wenn sich das Haus auf einem felsigen Gelände befindet, das eine solche Bepflanzung wünschenswert, wenn nicht sogar zwingend erforderlich macht, und wenn ein Gefälle an der Rückseite oder einer Seite des Hauses deutlich genug erscheint, um einen scharfen Bruch in der allgemeinen Landschaftsgestaltung zu ermöglichen. Unter diesen Umständen ist es besser, wenn es nicht in Sichtweite des Hauses ist. Das ist nicht so schwer, wie es sich anhört; selbst auf einer kleinen Fläche lässt sich die Stelle leicht durch eine Bepflanzung mit Sträuchern verdecken.

Ebenso wenig wie der Steingarten sollte der Steingarten im Rasen liegen, es sei denn, er ist abgesenkt und daher von der Ebene aus nicht oder zumindest größtenteils nicht sichtbar. Die Senke kann natürlich oder künstlich sein, es kann sich um einen Bach mit hohen Ufern oder um einen Hohlweg handeln. Der Rand eines Rasens ist besser, eine Ecke davon ist noch besser, und vorzuziehen ist ein davon abfallendes Ufer. Eine Bank auf beiden Seiten von Stufen, die von einer Rasenebene zur anderen führen, ist ebenfalls eine Möglichkeit, die in Betracht gezogen werden sollte.

Bäume müssen nicht gänzlich gemieden werden; manchmal sind sie für die Bildwirkung wesentlich. Es ist jedoch nicht ratsam, einen Steingarten in der Nähe sehr großer Bäume anzulegen. Der Tropf ist schlimm, besonders für Alpenpflanzen, und die gierigen Wurzeln entziehen den Pflanzen nicht nur die Nahrung, sondern neigen auch dazu, die Steine zu lösen.

Gestalten Sie den Eingang zum Steingarten nach Möglichkeit als grobe Treppe. Bei Bedarf ausgraben. Bepflanzen Sie die Stufenspalten sowie die der Seitenwände

Irgendwo direkt außerhalb des echten Gartens ist der beste Ort; dann ist es nur ein Schritt von einer kleinen Welt in eine andere, die ganz anders ist. Wenn der Steingarten direkt oder durch einen wilden Garten zu einem Stück Wald führt, gibt es umso mehr Grund zur Freude. Je mehr Unregelmäßigkeiten die Website aufweist oder vermuten lässt, desto besser. Ein Steingarten sollte nicht nur keine geraden Linien haben, es ist auch nicht gut, alles auf einen Blick zu erfassen – egal, ob die Fläche groß oder klein ist.

Was einen guten Standort ausmacht, wird an einem der bestehenden amerikanischen Steingärten gut veranschaulicht. Das Grundstück ist groß, und hinter dem Haus ist das Gelände über eine beträchtliche Strecke eben und fällt dann mit einem ziemlich steilen Gefälle zu einer Auffahrt ab, unter der eine weitere Terrasse zu einer Wiese führt. Anstatt jedoch durchgehend zu sein, wird die Böschung oberhalb der Auffahrt durch eine kleine Schlucht unterbrochen, die scheinbar nirgendwohin führt, in Wirklichkeit jedoch einen Eingang sowohl zum hinteren Rasen als auch zum formellen Garten darstellt. In dieser Schlucht befindet sich der Steingarten, oder besser gesagt der Hauptteil davon. Obwohl er im Norden – er verläuft nach Osten und Westen – durch den formalen Garten und im Süden durch den Rasen begrenzt wird, ist der Steingarten weder von diesen noch vom Haus aus zu sehen. Es liegt günstig in der Nähe aller drei und ist doch deutlich von allen entfernt. Eine dünne Bepflanzung aus immergrünen Pflanzen schirmt ihn an der Süd- und Ostseite ab, und zwischen ihm und dem formalen Garten befindet sich eine niedrige Hecke. Der Steingarten erstreckt sich über die Schlucht und erstreckt sich auf beiden Seiten entlang des Ufers. Der schattige Bereich ist einer umfangreichen Sammlung winterharter Farne gewidmet. Auf der anderen Straßenseite gibt es einen weiteren Steingarten und dann ein kurzes Stück Trockenmauergarten. Eine solche Seite muss nicht erst einmal gefunden werden. Wenn man ein Gelände mit einer Bank und ein wenig Fantasie annimmt, ist eine Schlucht nur eine Frage des Bodenschaufelns. Wenn Sie möchten, nennen Sie es eine Schlucht. Beide sind im Miniaturformat eine beliebte Steingartenform; so sind Hügel und Kamm.

Bisher ging man davon aus, dass die Steine an verschiedenen Stellen des Ortes aufgesammelt oder von außen herbeigeschafft werden müssen. Aber auf vielen Grundstücken, besonders auf dem Land, gibt es Steine; oft mehr als gewünscht. Obwohl das manchmal Glück bringt, ist die Mühe des Sprengens und Neuanordnens hin und wieder genauso groß, als müssten alle Steine gefunden werden. Dennoch erleichtert es die Auswahl eines Standorts; Wo natürlicherweise Steine sind, da sollten sie auch sein. Gelegentlich sind die Steine so angeordnet, dass es keine andere Wahl gibt; Die Seite beruhigt sich und es liegt an Ihnen, das Beste daraus zu machen.

Ein einzelner Felsbrocken, ein paar verstreute Steine oder eine felsige Böschung können in einen einfachen Steingarten umgewandelt werden, ohne einen Stein zu bewegen. Ein wenig mit Bedacht gepflanzt und schon ist die Verwandlung abgeschlossen.

Ein Steingarten mit Wasser ist ein verherrlichter Steingarten. Wo immer möglich, ohne das Hauptschema zu beeinträchtigen, sollte der Garten ans Wasser gebracht werden. Gelingt dies nicht, bringen Sie Wasser dorthin, wenn dies möglich ist. die bei der Standortauswahl ermittelt werden kann.

DIE ARBEIT DES BAUES

Der Frühling ist die beste Zeit, um einen Steingarten anzulegen. Wenn die wichtige Frage des richtigen Standorts in der Vergangenheit liegt, muss ein konkreter Plan geplant werden. Von der Bestimmtheit dieses Plans wird ein Großteil des Erfolgs des Steingartens abhängen. Hier muss sich der Wunsch der Situation unterordnen. Es geht nicht so sehr darum, was Sie wollen, sondern darum, was unter den gegebenen Umständen am besten ist.

Versuchen Sie nicht, den Steingarten eines anderen sklavisch zu kopieren . Alles Geld der Welt würde für Sie kein exaktes Duplikat schaffen, da die Natur keine zwei Felsen geschaffen hat, die genau gleich sind. Studieren Sie sie natürlich; Holen Sie sich alle Ideen, die Sie können. Aber studieren Sie zuerst und vor allem die Natur – insbesondere ihre Art und Weise in Ihrer eigenen Nachbarschaft. Überall gibt es reichlich Möglichkeiten. Nehmen Sie ein oder zwei Blätter aus dem Buch der japanischen Gärtner. Sie sind wahre Meister der Kunst, Steingärten mit ein wenig Wasser anzulegen. Sie verwenden vergleichsweise wenige blühende Pflanzen, aber ihr Beispiel ist von unschätzbarem Wert bei der Anordnung von Steinen mit einfacher Wirksamkeit, bei der Simulation von Höhe und Höhe Entfernung, bei der richtigen Verwendung von Rasen und beim Pflanzen kleiner Bäume und Sträucher, die für einen Steingarten geeignet sind.

Messen Sie den verfügbaren Platz sorgfältig aus und legen Sie den Plan dann auf Papier mit Kreuzlineal aus. Nennen Sie jedes der kleinen Quadrate einen Quadratfuß und die Arbeit wird erleichtert. Als nächstes überlegen Sie sich einen guten Eingang und, wenn möglich, einen ebenso guten Ausgang – den einen, der vom anderen unsichtbar ist. Skizzieren Sie dann den Hauptweg, der so umständlich sein sollte, wie es die Situation zulässt, und sehen Sie Buchten oder ausgeprägtere Nischen vor, wenn keine Nebenwege hinzugefügt werden können. Denken Sie daran, dass Sie nicht nur die Natur simulieren sollen; Sie komprimieren viel in wenig, um es zu verkörpern.

Dann folgt die Auswahl der Steine. Normalerweise ist der Stein in der Nähe, vielleicht direkt auf dem Gelände, für jeden Zweck geeignet. Wenn Sie nicht das Glück haben, welche zu besitzen, gibt es höchstwahrscheinlich mehr als einen Stadtbewohner, der Ihnen gerne alle gewünschten Felsbrocken und kleineren Steine geben wird, wenn Sie sie nur an Stellen entfernen, an denen sie nicht benötigt werden. Die Kosten für die Entfernung sind selbst bei größeren Felsbrocken nicht hoch.

Abgesehen von Quarzgestein, das nicht besonders gut aussieht, kann fast jede Art von Naturstein optimal genutzt werden. Kunststein sollte wie die Pest gemieden werden. Kalkstein und Sandstein sind gute Materialien; Granit ist besser. Granit weist jedoch keine Schichten auf, und wenn

Schichteneffekte gewünscht werden, muss ein anderer Stein ausgewählt werden. Ein guter Plan besteht darin, mehr als eine Sorte zu verwenden, sie aber richtig voneinander zu trennen. Verwitterter Granit ist ein ausgezeichnetes Material, und im Allgemeinen ist es gut, wenn das Gestein alles andere als frisch abgebaut aussieht. Suchen Sie sich einige Steine aus, auf denen Flechten wachsen, und stellen Sie sicher, dass diese durch die Bewegung nicht gestört werden.

Gute Steingartenbepflanzung. Jede der Hauptarten hat eine eigene Bodentasche. Beachten Sie den wirkungsvollen Hintergrund und die unregelmäßigen Spalten

Felsbrocken können bis zu mehreren Tonnen schwer sein. Wo nichts leicht zu bekommen ist, kann man eines simulieren, indem man ein paar kleine auf raffinierte Weise kombiniert und die Fugen durch das Einpflanzen von Dingen wie Mauerpfeffer in die Erde verdeckt – was, außer in seltenen Fällen aus purer Notwendigkeit, immer beim Bau eines Gebäudes verwendet wird Steingarten anstelle von Mörtel.

Wenn der Standort eben ist, besteht der nächste Schritt darin, alles zu ändern – zunächst auf dem Papier. Sofern die Lage des Geländes nicht von Anfang an in Ordnung ist, darf die Gestaltung des Steingartens nicht ausschließlich von der Bebauung abhängen; Es müssen einige Ausgrabungen vorhanden sein, aber keine Vertiefungen, die tief genug sind, um Wasser aufzufangen und zu halten, genau dort, wo Sie gehen möchten.

Abgesehen von den Wegebenen beginnt der Bau mit den Steinen und nicht mit dem Boden. Das ist ein äußerst wichtiger Punkt. Platziere zuerst die

Felsbrocken. Sie sind die großen Effekte. Abgesehen davon entfällt die schwerste Arbeit. Beginnen Sie dann mit den umreißenden Grundsteinen. Diese sollten mit der größten Fläche zum Boden platziert werden und unterschiedlich groß sein. Es ist nicht unbedingt erforderlich, dass die untersten Steine leicht im Boden vergraben sind, diese Vorgehensweise ist jedoch vorzuziehen.

Wenn die Wege und Außenränder auf diese Weise definiert sind, streuen Sie weitere Steine über die dazwischen liegende Oberfläche und platzieren Sie sie ziemlich dick, aber nicht dicht beieinander. Als nächstes füllen Sie den Boden mit Erde auf, verdichten ihn fest und rammen ihn kräftig in jede Ritze. Wenn es mit der Arbeit des Tages übereinstimmt, ist es kein schlechter Plan, die Steinarbeit gut zu bewässern, um den Boden zu verdichten, und wenn die Arbeit am nächsten Tag wieder aufgenommen wird, noch mehr Erde gut anzudrücken, bevor man mit der Arbeit fortfährt zweite Gesteinsschicht.

In dieser zweiten Schicht sollten die Steine so platziert werden, dass die Vorderkante leicht hinter der der unteren Reihe liegt, um einen Hang zu bilden. Bei Bedarf kann jedoch ein gelegentlicher Überhang gebildet werden, da eine bestimmte Pflanze bekanntermaßen einen Tropf von oben verabscheut. Der Aufbau geht dann wie zuvor weiter, bis die gewünschte Höhe erreicht ist. Die Höhe ist völlig beliebig, einige Punkte sollten jedoch mindestens so hoch wie die Sichtlinie liegen, denn einer der großen Vorteile eines Steingartens ist die Freude, einige der typischen Steinpflanzen genießen zu können, ohne sich bücken zu müssen. Die als Füllstoffe verwendeten Steine sollten sich hier und da überlappen, um für Festigkeit zu sorgen. Es muss jedoch darauf geachtet werden, dass viele lange Erdverläufe angelegt werden. Achtzehn Zoll sollten das Allermindeste sein. Eine Pflanze wie die Alpen- Androsacee ist eine winzige Rosette, die scheinbar nicht mehr als ein oder zwei Zoll Erde benötigt, ihre Wurzeln liegen jedoch wahrscheinlich etwa einen Meter tief in einer mit Erde gefüllten Felsspalte. Aufgrund dieses tiefen Eindringens der Wurzeln sollte der Boden so fest gepackt werden; Die Wurzeln dürfen nicht durch lockeren Boden oder eine verborgene Mulde beschädigt werden.

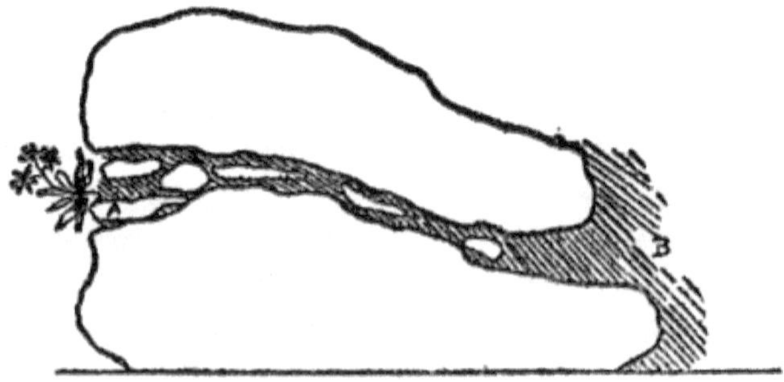

Wenn ein Stein zu stark auf den darunter liegenden Stein drückt, selbst wenn Erde dazwischen liegt, kann der Druck durch die Verwendung kleiner Steine verringert werden. Der Bodenverlauf muss nicht gerade sein, sondern muss durchgehend sein, damit die Wurzeln der Pflanze ihren Weg von A nach B finden können

An keiner Stelle zwischen zwei Steinen sollte die Erdschicht weniger als 5 bis 7 cm dick sein, nachdem sie fest verdichtet wurde. Wenn ein oberer Stein zu stark nach unten drücken und die Pflanzenwurzeln zerdrücken könnte, kann dies vermieden werden, indem man hier und da kleine Steine in die Erdschicht legt. Die Wurzeln werden zwischen diesen Steinen arbeiten, aber es muss ein kontinuierlicher, wenn auch nicht unbedingt gerader Erdverlauf von der Vorderseite des Felswerks bis zur festen Erdfüllung vorhanden sein. Der Lauf sollte leicht abfallen.

Steine, die so berechnet sind, dass sie eine natürliche Schichtung simulieren, sollten für eine ordnungsgemäße Entwässerung an einem Gefälle verlegt werden. Solche Gesteinsstücke können auch in geringen Mengen zum Keilen und zur Herstellung der sogenannten „Taschen" verwendet werden.

Diese Nischen sind beim Bau eines Steingartens von größter Bedeutung. Sie beherbergen die einzigen nennenswerten Bodenflächen und sind das Hauptmittel zur Besiedelung von Pflanzen, wodurch sie für ausgeprägte Farbeffekte sorgen. Sie sollten die Hänge durchbrechen und in Größe, Form und Verteilung unregelmäßig sein. Die großen können bei der Bepflanzung leicht durch kleine Steine unterteilt werden, wenn eine weitere Artentrennung gewünscht ist. Der Boden muss von oben leicht abfallen, damit kein stehendes Wasser entsteht.

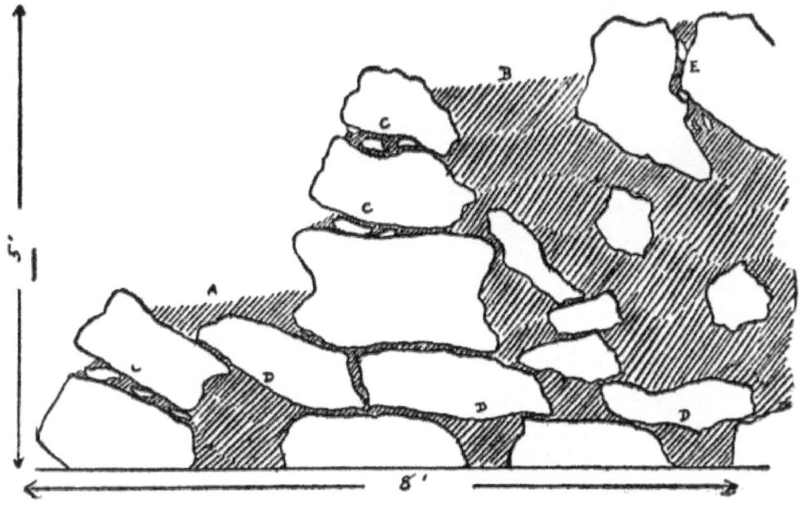

Querschnitt des Steingartenbaus mit flachen (A) und tiefen (B) Bodentaschen; Kippen und Verkeilen von Steinen (C); Überbrückung (D) und senkrechter Spaltbodenverlauf (E). Zwischen allen Fugen liegt 5 bis 7 cm Erde. Die untersten Felsen sind teilweise vergraben

Die Entwässerung eines Steingartens ist von entscheidender Bedeutung. Gegen die Hitze des Sommers muss ausreichend Feuchtigkeit hinter den Steinen gespeichert werden, überschüssige Feuchtigkeit muss jedoch abtransportiert werden. Der Garten sollte wie die Hügel auf natürliche Weise entwässert werden. Im Zweifelsfall legen Sie ein Drainagebett aus 20 cm Klinker an, bevor Sie mit dem Verlegen der Steine beginnen.

Der Boden sollte aus gutem Lehm mit etwas Torf und Steinen unterschiedlicher Größe von Senfkorn bis Mandel bestehen. Es kann etwas Mist verwendet werden, dieser muss jedoch alt sein.

Den Garten bepflanzen

Es gibt zwei Möglichkeiten, einen Steingarten anzulegen. Die eine besteht darin, die gesamte Spaltenbepflanzung zusammen mit dem Gebäude durchzuführen, die andere besteht natürlich darin, alles aufzuschieben, bis die Steine an Ort und Stelle sind und der Boden sich vollständig gesetzt hat.

Der erstere Plan ist besonders ansprechend und praktisch. Es hat etwas Faszinierendes, einen Teil der Arbeit im Laufe der Zeit vollständig zu Ende zu bringen. Der praktische Vorteil liegt vor allem darin, dass sich auf diese Weise schon von Anfang an große Pflanzen in Spalten festsetzen lassen. In diesem Fall sollte die Erde teilweise in die Spalte eingebracht und verdichtet werden. Dann streut man etwas lockere Erde darüber und schüttelt die Erde gut von den Wurzeln ab, sofern sie keine Pfahlwurzeln hat. Die Pflanze wird waagerecht hingelegt, wobei die Krone knapp außerhalb des Erdrandes liegt. Als nächstes verteilen Sie die Wurzeln so, dass sie dem Bodenverlauf folgen. Füllen Sie die Spalte mit mehr Erde, gut verdichtet, und setzen Sie anschließend weitere Pflanzen der gleichen Art ein. Verwenden Sie kleine Steine, um die Pflanzen dort zu verkeilen, wo es notwendig erscheint. Herabhängende Pflanzen sollten in die höheren Ritzen gesetzt werden; das muss alles vorher durchdacht werden.

Tatsächlich kann der Pflanzplan nicht gründlich genug im Voraus durchdacht werden. Punkt für Punkt stimmt es mit dem Strukturplan überein, der den Anforderungen der sogenannten schwierigeren Felspflanzen entsprechen muss – den Alpen, einigen Farnen und solchen Pflanzen, die gut zu Felsarbeiten passen, aber mehr verlangen als die gewöhnliche Gartenfeuchtigkeit. Der beste Weg besteht darin, zu entscheiden, welche Pflanzen unter den gegebenen Umständen am wünschenswertesten sind, und in der Regel die schwierigen oder „kniffligen" Pflanzen wegzulassen; Wenn Sie mehr Erfahrung haben, haben Sie genügend Zeit, damit zu experimentieren. Erstellen Sie einen Grundriss der verschiedenen Abschnitte des Felswerks und markieren Sie darauf, wo die Pflanzen gepflanzt werden sollen. Verwenden Sie Zahlen, die jeweils einer Art entsprechen.

**Wenn nur ein kleiner Effekt gewünscht wird, ist eine
Steinzungenarbeit wie diese eine einfache Lösung des Problems.
Beachten Sie die Vermeidung gerader Linien**

Die allgemeine Idee besteht darin, dass der gesamte Boden abgedeckt werden
soll, nicht unbedingt zum Zeitpunkt der Pflanzung, sondern am Ende einer
oder zweier Wachstumssaisons. Sofern Sie kein Sammler sind, ist Vielfalt
kaum wichtig. Die Hauptsache ist, dass es Schönheit als Ganzes geben soll,
ein paar ausgeprägte saisonale Farbeffekte mit massenhafter Blüte und etwas
Grün das ganze Jahr über; Der Garten darf zu keinem Zeitpunkt kahl sein,
wie die Natur es Ihnen zeigt. Hier gilt eine gute Pflanzregel, wenn die
Pflanzen hier gruppiert und dort einzeln vereinzelt sind. Kolonien, die immer
eine ausgeprägte Unregelmäßigkeit aufweisen, sollten ineinander übergehen,
aber sie sollten das Felswerk nicht so weit überwuchern, dass keine Steine
mehr in Sicht sind. Nicht selten werden einige der besten Effekte dort erzielt,
wo mehr Steine als Blumen zu sehen sind. Ein Felsbrocken zum Beispiel
erfordert den Kontrast von Pflanzen, vielleicht nur ein paar niedrig
wachsende Pflanzen in einer natürlichen Nische, und nicht eine
Halbfinsternis. Pflanzen Sie in der Regel einhundert von etwa einem halben
Dutzend geeigneter und einfacher Arten anstelle von fünfzig oder mehr
Arten.

Studieren Sie gleichzeitig die Form der Pflanzen, die verwendet werden
sollen. Manche verwandeln sich schnell in einen Teppich, manche kommen
nie über bloße Büschel hinaus, manche wachsen immer gerade nach oben,
manche hängen lieber herab und manche haben Blätter, die immergrün oder
fast immergrün sind. Genauer gesagt breitet sich eine Pflanze von Saponaria
ocymoides über vier Quadratfuß Erde aus und füllt somit eine mittelgroße

Tasche vollständig aus, während zum Verdecken der gleichen Menge Erde möglicherweise drei Dutzend Aurikeln verwendet werden *müssen* . Dasselbe gilt auch für die Weiße Gänsekresse (*Arabis albida*). So auch mit einer Spalte. Eine einzelne Pflanze einer der Mauerpfeffer würde es vielleicht füllen, wenn eine Reihe von Rosetten der kleineren Arten von Hauslauch benötigt würden.

Hohe Pflanzen wie der Fingerhut können manchmal in einer kleinen Gruppe am Ende einer Bucht auf der Höhe des Weges verwendet werden; Am besten werden sie jedoch hinter dem Felswerk, als Hintergrund oder als dominierendes Merkmal des Eingangs oder Ausgangs des Gartens platziert. Am Ein- oder Ausgang bilden solche kräftigen Pflanzen eine gute Brücke zwischen dem Steingarten und dem Außengelände. Ausladende und hängende Pflanzen sollten einen Fuß oder mehr über dem Wegniveau platziert werden und die meisten Pflanzen haben Blattbüschel oder Rosetten. Wenn der Weg breit genug ist, können einige der weit verbreiteten Pflanzen am Fuß der Felsen wachsen, aber die Regel besteht darin, diejenigen mit mäßiger Ausbreitung zu verwenden, mit ein paar büscheligen Pflanzen und einigen, die aufrecht wachsen, aber nicht hoch werden. Abwechslung verleihen. Wenn der Weg aus flachen Steinen besteht, deren Größe und Anordnung unregelmäßig ist, sollte dieser Bewuchs den gesamten Bodenraum ausfüllen – auch zwischen den Steinen. Es wird sich herausstellen, dass sich ein solcher Weg mehr als lohnt und kein so großes Unterfangen ist, wie es scheint.

Es liegt auf der Hand, dass Pflanzen mit einem ausgeprägten Verlangen nach Feuchtigkeit oder Schatten in Bezug auf den Standort bevorzugt werden sollten, obwohl es erstaunlich ist, wie anpassungsfähig viele von ihnen sind.

Stellt die Schwachen nicht neben die Starken. Wenn Sie kein Gärtner mit ewiger Wachsamkeit sind, werden die Schwachen das Schlimmste erleben, bevor Ihnen klar wird, was für einen Fehler Sie gemacht haben.

Vergessen Sie nicht, dass das Pflanzen nicht das Ende ist. es ist erst der Anfang – des Pflanzens. Solange es den Steingarten gibt, wird es immer Pflanzungen geben. Die normale Sterblichkeit wird einiges erfordern, es wird zu einer Ausdünnung kommen und die Zeit wird Ergänzungen und mehr oder weniger Neuordnungen nahelegen.

Und mit der Bepflanzung geht auch die kontinuierliche Pflege einher, die größtenteils im Rahmen des täglichen Gartenspaziergangs erledigt werden kann, so dass der Zeitverlust nicht spürbar ist. Bewässern Sie im Falle einer echten Dürre, verwenden Sie jedoch eine Sprinkleranlage und hören Sie nicht auf, bis der Boden einige Zentimeter tief durchnässt ist. Im gewöhnlichen Garten ist die bloße Oberflächenbewässerung schon schlimm genug; In einem Steingarten ist dies ein fataler Fehler, da die Pflanzen aufgrund des

Wurzelwachstums nahe der Erdoberfläche nicht in der Lage sind, der vollen Kraft der Sommersonne standzuhalten.

Gehen Sie den Garten einmal im Jahr gründlich durch und halten Sie stets Ausschau nach Unkraut. Wenn der Boden schwer ist, streuen Sie ihn im Herbst mit Splitt. Splitt ist gut für Steinpflanzen. Um eine Pflanze herum platzierte Steinschläge verhindern, dass sich im Winter zu viel Feuchtigkeit am Kragen festsetzt. Achten Sie nach sehr starken Regenfällen auf Schwachstellen.

PFLANZEN FÜR EINEN STEINGARTEN

Für einen Steingarten eignen sich so viele Pflanzen, dass die Auswahl verwirrend ist. Dabei, wie auch beim Anlegen des Gartens, hat die Ratsamkeit Vorrang vor dem bloßen persönlichen Wunsch, obwohl es glücklicherweise oft nicht schwer ist, beides Hand in Hand zu bringen; Ein wenig intelligenter Gedanke hilft sehr.

Für den Anfänger gibt es keinen besseren Rat als den, der für das Heraussuchen der Steine gilt: Verwenden Sie das Material, das in der Nähe ist. Dies ist keineswegs nur ein Vorschlag, den Weg des geringsten Widerstands zu gehen. Es ist weit mehr. Erstens gibt es immer unendlich viele schöne und passende Pflanzenarten, ohne weit weg zu sein. Andererseits werden natürliche harmonische Effekte in Ihrer unmittelbaren Umgebung mit ziemlicher Sicherheit zu Ihrem Grundstück passen. Endlich können Sie selbst sehen, wie die Dinge wachsen, und was die Widerstandsfähigkeit der Pflanzen betrifft, haben Sie diese bereits für sich getestet. Dies bezieht sich nicht nur auf die natürlichen Bedingungen; Es gibt ein zweites weites Feld in den Gärten anderer – die winterharten Gärten –, wo Sie sofort aus den vielen auswählen und erfahren können, ob bestimmte Pflanzen zu empfindlich sind oder zu viel Pflege für Ihre Verwendung erfordern.

Was Pflanzen betrifft, die in der unmittelbaren Nachbarschaft heimisch sind, kann ihr Wert für den Steingarten des Durchschnittsmenschen mit begrenzter Zeit, der nicht von der Idee besessen ist, Seltenes und Kurioses anzubauen, nicht hoch genug eingeschätzt werden. Und es sind so viele; mehr als den meisten bewusst ist, und oft von individueller Schönheit, die in der verwirrenden Fülle der Wildnis nicht immer geschätzt wird, aber deutlich sichtbar ist, wenn ein Einzelner oder eine kleine Gruppe bereit ist, in einem Steingarten eingehend zu studieren. Machen Sie nicht den weit verbreiteten Fehler zu denken, dass sie zu vertraut sind, um interessant zu sein. Das wird wahrscheinlich nie der Fall sein. Und ganz ehrlich, können Sie in Ihrem Herzen sagen, dass sie es sind?

Heimische Pflanzen eignen sich hervorragend als Material für den Steingarten. Oben die Schaumblume (*Tiarella cordifolia*), unten einer der kleineren Farne

Für einen Steingarten in Connecticut eignet sich der griechische Baldrian (*Polemonium) . reptans*) müssen gekauft werden, es sei denn, ein Nachbar kann einige aus seiner Sammlung altmodischer Blumen entbehren; da gehört es in diese Kategorie. Aber warum sollten Sie in Minnesota oder Missouri einer so schönen Blume den Platz in Ihrem Steingarten verweigern, nur weil Sie dafür nur in den Wald gehen müssen? Der englische Enthusiast bringt Primeln aus dem Himalaya, Enzian aus den Schweizer Alpen und *Dryas Drummondi* aus den kanadischen Rocky Mountains für seinen Steingarten mit nach Hause, aber er versäumt es nicht, einige der alltäglichen Dinge in der Nähe zu nutzen – sogar die „blassen". Primel" und die Schlüsselblume.

Allein aus Farnen oder nur aus Strauchpflanzen kann ein wunderschöner einheimischer Steingarten angelegt werden. Und die Möglichkeiten, kleine Blütenpflanzen hinzuzufügen oder alles andere auszuschließen, sind grenzenlos. Es versteht sich von selbst, dass der Steingarten von A in Maine nicht wie der von B in Louisiana sein wird. aber es gibt kein Gesetz, das dies zwingend vorschreibt.

Zu den gewöhnlichen Wildblumen des Ostens, die unerwartet neue Schönheit annehmen, wenn sie in den Steingarten gebracht werden, gehören Schöllkraut (*Chelidonium majus*), Erdbeere (*Fragaria Virginica*), Storchschnabel (*Geranium maculatum*) und Leinkraut (*Linaria) . vulgaris*), Orangen-Habichtskraut (*Hieracium auranticum*), Robertkraut (*Geranium Robertianum*), Huflattich (*Tussilago Farfara*), Salomonsrobbe (*Polygonatum) . biflorum*), Schaumblume (*Tiarella cordifolia*), Blutwurz (*Sanguinaria Canadensis*) und einige der Veilchen. Das sind nur ein paar Namen, und noch dazu zufällige. Einige von ihnen, der Huflattich, der Storchschnabel, das Schöllkraut und das Leinkraut, breiten sich zu schnell aus, aber wenn man sorgfältig beobachtet und den Samen nicht reifen lässt, kann man sie in Grenzen halten. Es gibt viele solcher Pflanzen, die den gesamten sichtbaren Raum einnehmen, wenn man sie darf, und man muss sie genau im Auge behalten, andernfalls müssen sie ganz weggeworfen werden. Einige von ihnen erfüllen einen guten Zweck, indem sie dem Steingarten einen schnellen Start ermöglichen, nach dem sie leicht reduziert oder ganz weggeworfen werden können. Es besteht kein Grund zur Sorge, etwas wegzuwerfen. Bestimmte Pflanzen, wie bestimmte Freunde, haben Sie gerne zu Besuch, möchten aber nicht sehen, dass sie für immer und einen Tag bleiben.

Einjährige Pflanzen als Klasse sind für den Steingarten nicht wünschenswert; Zum einen ist die Sorge um die Erneuerung zu groß. Bei Biennalen ist fast genauso viel Sorgfalt geboten, aber in jedem Fall wird es immer Ausnahmen geben, die eine Frage der individuellen Vorlieben sind. Nur wenige würden es zum Beispiel übers Herz bringen, das zierliche kleine lila Leinkraut der Schweiz (*Linaria alpina*) abzulehnen , nur weil es zweijährig ist. Die Hauptabhängigkeit muss jedoch auf Stauden gelegt werden – Pflanzen, die, sofern es nicht zu Unfällen kommt, ewig halten. Dabei sollte es sich überwiegend um Arten handeln; Wenn Sie Gartenbau betreiben, verwenden Sie nicht die bizarren Tulpen von Darwin zum Beispiel oder die Iris von Madame Chereau . Mit seltenen Ausnahmen sollten auch keine gefüllten Blüten verwendet werden. Eine gefüllte Narzisse sieht furchtbar fehl am

Platz aus, während die gefüllte weiße Gänsekresse (*Arabis albida*) durchkommt.

Die einfachen Steingartenpflanzen, deren Material nicht aus der Wildnis stammt, sind in den meisten großen, winterharten Gärten des Ostens zu finden. Einige von ihnen stammen aus Europa oder Asien, und mehr als allgemein angenommen wird, sind in anderen Teilen der Vereinigten Staaten zu Hause. Zu den besten Exemplaren für Blütenteppiche gehören *Phlox subulata* , *Phlox amœna* , *Aubrietia deltoidea* , Jungfernrose (*Dianthus deltoides*), Blaues Hornkraut (*Ajuga Genevensis*), Weißes Hornkraut (*Ajuga reptans*) und Wollige Vogelmiere (*Cerastium). tomentosum*), Kriechender Thymian (*Thymus serpyllum*), Zwerg-Ehrenpreis (*Veronica repens*), *Saponaria ocymoides* , Alpenminze (*Calamintha alpina*) und rosa, weiße und gelbe Mauerpfeffer (Sedum). Alle schmiegen sich eng an den Boden. Es gibt andere Pflanzen, die einen Laubteppich bilden, deren Blütenstiele jedoch höher ragen. Dazu zählen die Weiße Gänsekresse (*Arabis albida*), der zulässige Gefüllte Hahnenfuß (*Ranunculus acris fl. pl.*), das ebenfalls zulässige Gefüllte Deutsche Leimkraut (*Lychnis viscaria*), eine weitere Gefüllte Blume, „Schöne Mägde Frankreichs" (*Ranunculus aconitifolius*), Karpaten Glockenblume (*Campanula Carpatica*), Grasrosa (*Dianthus plumarius*), *Iris pumila* , Hauben-Schwertlilie (*Iris cristata*), Christrose (*Helleborus niger*), *Phlox divaricata* , *Phlox ovata* , *Phlox repens* , Schaumblume (*Tiarella cordifolia*), *Veronica incana* , *Alyssum Saxatile* , *Saxifraga cordifolia* und verschiedene Nelkenwurz (Geum).

Mehrere der Primeln erzeugen einen ähnlichen Effekt, wenn die Bepflanzung dicht ist – wie es in einer Tasche der Fall sein sollte. Die besten sind die Englische Schlüsselblume (*Primula vulgaris*), die Schlüsselblume (*P. veris*), die Schlüsselblume (*P. elatior*), die Vogelauge (*P. farinosa*), die Gelbe Aurikel (*P. auricula*), *P. denticulata* und *P. Cortusoides* . Ebenso können Frühlingszwiebeln verwendet werden; Pflanzen Sie sie größtenteils unter einer Bodenbedeckung, damit der Boden beim Absterben nicht sichtbar wird. Von den Tulpen können Einzeltulpen der Früh- und Hüttenart verwendet werden, sofern sie einfarbig sind, am meisten zu bevorzugen sind jedoch Arten wie die süßgelbe (Florentiner) Tulpe Südeuropas und die kleine Frauentulpe (Tulipa) . *Clusiana*). Krokusse eignen sich auch am besten für die Art, und die kleinen, einzelnen, gelben Trompetenarten sind das beste Narzissenmaterial. Es können einzelne weiße oder blaue Hyazinthen verwendet werden, aber besser als die steifen Blütenstände neuer Blumenzwiebeln sind die lockeren Blumenzwiebelbüschel, die im Beet „auszugehen" beginnen. Weitere wertvolle Blumenzwiebeln sind das Schneeglöckchen *Scilla Sibirica* , Glory-of-the-Snow (*Chionodoxa Luciliæ*), Perlhuhnblume (*Fritillaria Meleagris*), Traubenhyazinthe (*Muscari botryoides*), *Triteleia Uniflora* , *Allium Moly* und die Wald- und Spanischen Hyazinthen (*Scilla nutans* und *campanulata*).

Höhere Pflanzen, die bearbeitet werden können, oft am besten mit nur einem einzelnen Exemplar oder einem kleinen Büschel, sind Herbstling (*Aconitum Autumnale*), *Yucca filamentosa* , Leopardenstrauch (Doronicum), einzelne Pfingstrosen (entweder krautig oder baumartig), Deutsche, Japanische und andere Sibirische Schwertlilie, sowie die Gelbe Flagge (*Iris pseudacorus*), einzelne Akelei, *Anemone Japonica* , *Hemerocallis flava* , *Sedum spectabile* , *Dielytra spectabile* , *Dielytra formosa* , Jakobsleiter (*Polemonium Richardsonii*), Fraxinella, *Anthemis tinctoria* , einzelne *Campanula persicifolia* , *Campanula rapunculoides* , *Campanula glomerata* , Trollblume (*Trollius*), Löwenmaul (Antirrhinum), Platycodon , Lavendel (wo es sich als winterhart erwiesen hat) und Moschusmalve (*Malva moschata*).

Von den Lilien sind *Lilium Philadelphicum* , *L. elegans* , *L. speciosum* und *L. longiflorum* alle wünschenswert und gedeihen im Halbschatten, obwohl *L. elegans in Japan* bei vollem Sonnenschein aus den Felsen herausragt. Für den Blick in den Steingarten werden *L. Canadense* , *L. tigrinum* und *L. superbum* empfohlen, anstatt darin platziert zu werden.

Ein Steingarten, der in den Wald übergeht. Ein geschwungener Weg ist wünschenswert, da er mehr Ausblicke bietet

Die Wahl unter den niedrigen Sträuchern sind der bezaubernde *Daphne cneorum* , der besser gedeiht, wenn er über das normale Gartenniveau gehoben wird, und *Azalea amœna* . Letzteres sollte jedoch so platziert werden, dass es durch den Versuch von Solferino nicht zu einem schlimmen Farbkonflikt kommt. Rhododendren und Berglorbeer säumen einen Steingarten gut und sorgen mit einem hängenden Wacholder (*Juniperus procumbens*) für viel erfrischendes Wintergrün.

Einzelne Rosen, die Art, passen dort gut, wo Platz für sie ist. Gute sind *R. setigera* , *R. rubiginosa* , *R. Wichuraiana* , alle weit verbreitet, und der niedrige *R.*

blanda . Die Rosen sollten besser am oder in der Nähe des Ein- oder Ausgangs oder weit genug über dem Fels stehen, um nicht über kleine Pflanzen zu wandern.

Die Pflanzen in dieser Liste decken alle Jahreszeiten ab und variieren etwas in ihrem Boden- und Feuchtigkeitsbedarf. Aber die Variation ist nichts, was über das gewöhnliche Gartenwissen hinausgeht. Den meisten gelingt es besser, wenn ihre Vorlieben berücksichtigt werden, aber bei durchschnittlicher Sorgfalt geht keines davon zugrunde.

Der Alpinunterricht als Klasse sollte besser dem Amateur überlassen werden, der die Zeit, das Geld und die Bereitschaft hat, sich zu spezialisieren. Die meisten von ihnen nehmen den Transfer von einer Meile oder mehr in der Luft auf Meereshöhe problemlos hin; Das Edelweiß zum Beispiel wächst hier problemlos aus Samen, und der überaus schöne *Gentiana acaulis* gedeiht in amerikanischen Steingärten. Aber im Großen und Ganzen gedeihen die Alpen hier nicht so gut wie in England, wo das Sommerklima nicht so hart für sie ist. Wenn sie hier gedeihen, ist dafür ein hohes Maß an professioneller Pflege erforderlich.

DER WANDGARTEN

Ein Mauergarten ist ein senkrechter Steingarten. Doch während ein Steingarten ausgerechnet unregelmäßig ist, weist ein Mauergarten Regelmäßigkeit auf. Die Wand muss keine gerade Linie sein; Es ist besser, dass ein Ende eine Kurve beschreibt, da Felsen an der Basis zu weiteren Unregelmäßigkeiten führen können. Dennoch kann es nie ganz den Eindruck von Menschenhand verlieren. Das Hauptziel der Gartenarbeit besteht darin, diese Luft auf ein Minimum zu reduzieren.

Die Art und Weise, einen Mauergarten anzulegen, besteht darin, eine Trockenmauer aus groben Steinen zu bauen – also eine Mauer ohne Mörtel. Verwenden Sie stattdessen Erde und verdichten Sie diese fest in jeder Spalte sowie hinter den Steinen, die etwas nach hinten geneigt sein sollten, um Wasser in die Erde zu transportieren. Dieses Kippen kann mit kleinen Steinkeilen erreicht werden. Die beste Variante ist eine fünf Fuß hohe Stützmauer, da sich dann eine gute Erdschicht dahinter befindet, in die die Wurzeln durch die Spalten hineinreichen können. Eine doppelseitige Mauer kann jedoch, wenn die Situation es erfordert, durch den Bau paralleler Reihen von Steinen und das feste Auffüllen mit Erde hergestellt werden.

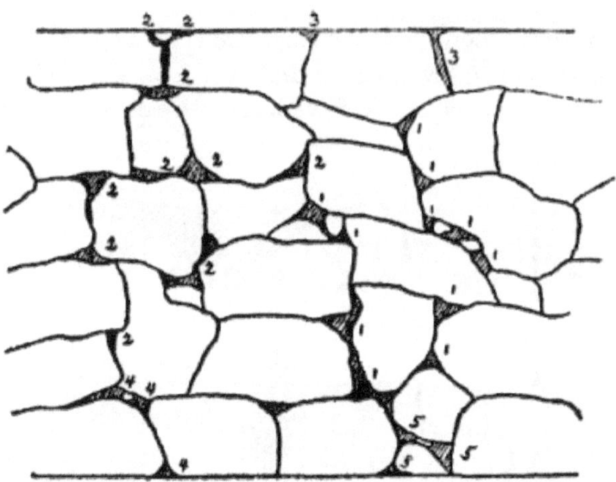

Bepflanzungsplan einer Trockenmauer, wobei die dunklen Teile die wichtigsten mit Erde gefüllten Spalten darstellen. Die Pflanzen sind:
1 – *Arabis albida* ; 2 – *Alyssum saxatile* ; 3 – Hauslauch
(Sempervivum); 4 – *Viola tricolor* ; 5 – *Armeria maritima*

Ein in Kolonien bepflanzter Mauergarten – der bessere Weg. Wenn das Wachstum nicht zu stark ist, können die Reben wie hier gezeigt an der Basis gepflanzt werden

Obwohl die Wandfläche in beiden Fällen streng senkrecht sein kann, ist es besser, dass jede Schicht etwas zurücktritt. Bauen Sie ihn nach der Art eines Steingartens, indem Sie die Steine so verlegen, dass die Oberfläche ungefähr eben ist.

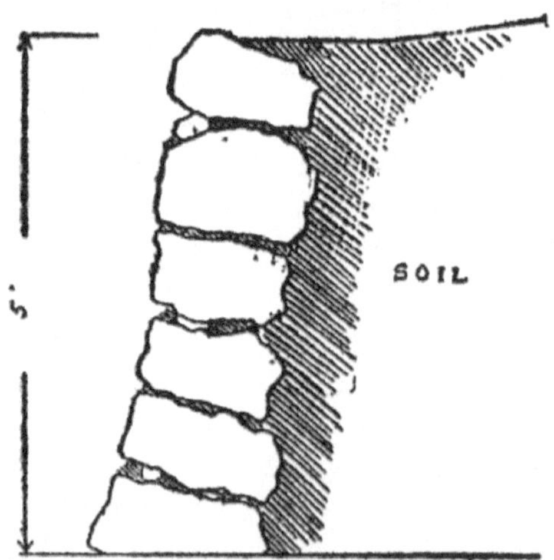

Trockenmauer für Staudamm. Querschnitt, der Spalten, Bodenverläufe und Neigungen von Felsen zeigt

Befolgen Sie auch beim Pflanzen die gleichen Regeln. Es ist besser, mit fortschreitender Arbeit zu pflanzen. Es können entweder Pflanzen oder Samen verwendet werden. Wenn es sich um Samen handelt, drücken Sie diese vor den Ritzen vorsichtig in die Erde. Kleine Samen können in dünnen Schlamm gemischt und auf den Boden gestreut werden. Für eine kleine Spalte eine Tablette aus der Mischung herstellen.

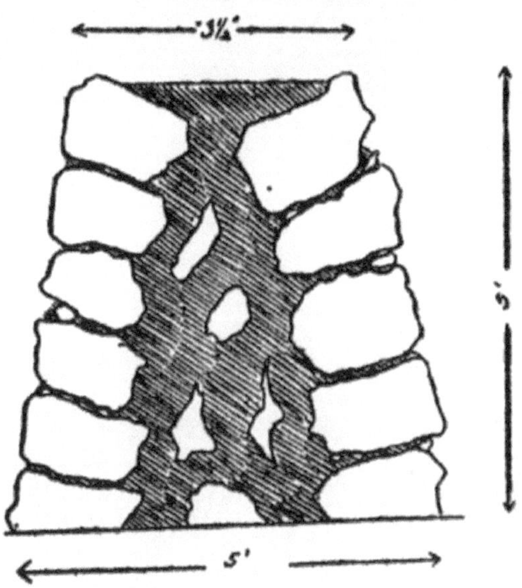

Doppelseitige Trockenmauer. Als Bodenfüllung dienen ein paar Steine und hier und da einer darüber

Das Angebot an zuverlässigen Pflanzen, die keiner besonderen Pflege bedürfen, ist für die Fugen nicht besonders groß. Alle Fetthenne, der Hauslauch, *Arabis albida* , roter Baldrian (*Centranthus ruber*), Aubrietia, *Alyssum saxatile* , Löwenmaul, Mauerblümchen (*Cheiranthus Cheiri*), Kenilworth-Efeu, *Viola tricolor* , *Dianthus plumarius* und *Dianthus deltoides* sind alle sehr brauchbar. Hinter der Mauer sollte oben ein Streifen Erde gelassen werden, damit dort eine größere Pflanzenvielfalt gezüchtet werden kann. Einzelne Margeritennelken und Grasnelken bilden eine Art Laubfall und blühen dort, wenn sie dicht an der Wand oder in den Spalten des Wipfels gepflanzt werden. Ein ähnlicher Effekt, aber viel kräftiger, kann mit der mehrjährigen Erbse (Lathyrus latifolius) *erzielt werden*).

Wenn die Trockenmauer bereits fertig ist, können die Spalten mit Sorgfalt und Geduld mit Erde verschlossen werden. Auch eine zementierte Wand ist nicht hoffnungslos; Hier und da kann der Mörtel herausgemeißelt werden und gelegentlich sollte ein kleiner Stein entfernt werden.

Ein Mauergarten hat gegenüber einem Steingarten diese Vorteile; es ist einfacher zu konstruieren, es ist von praktischem Nutzen und es ist manchmal eine Möglichkeit, wo das andere nicht der Fall ist.

WASSER- UND MOORGÄRTEN

Weder das Wasser noch der Moorgarten sind auf Steine angewiesen. Eines oder beide können jedoch genauso gut eine Ergänzung des Steingartens sein. Sie lösen das Problem der nassen Stellen hervorragend, ermöglichen die Kultur einheimischer Seerosen, Orchideen und zahlreicher anderer schöner Pflanzen und tragen sicherlich ihren Teil zur malerischen Atmosphäre bei. Fehlt Wasser, kann es oft mit geringem Aufwand zugeführt werden.

Eine kleine Grotte mit plätscherndem Wasser bildet eine malerische Pause in einem Mauergarten. Wenn es schattig ist, pflanzen Sie großzügig Farne

In den meisten Fällen wird man feststellen, dass einige Betonkonstruktionen notwendig sind, aber nicht ein bisschen davon sollte sichtbar sein. Dies lässt sich leicht bewerkstelligen, indem man an den Seiten des Beckens oder Baches etwas unterhalb des späteren Wasserspiegels eine Betonschulter baut und darauf dann grobe Steine setzt. Ein Zementboden für flaches Wasser kann durch Einbetten von Kieselsteinen und kleinen Steinen in den Zement vor dem Aushärten verdeckt werden.

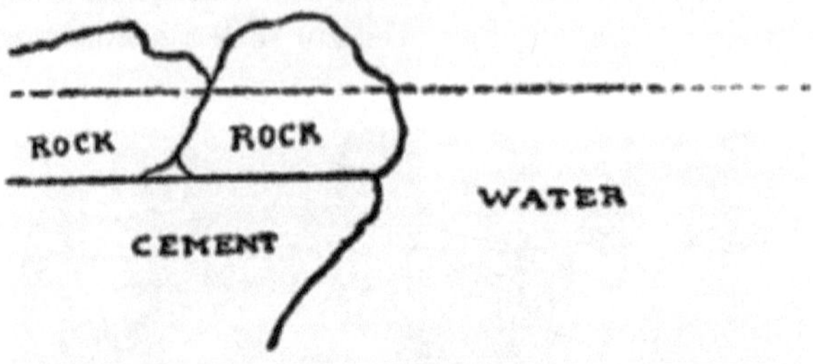

Um das zementierte Ufer eines Teiches oder Baches zu verbergen, machen Sie einen etwa 20 cm breiten Rand, der etwa 15 cm unter der Wasserlinie liegt. Dann legen Sie kleine Steine auf die Schulter

Ordnen Sie die Steine sehr unregelmäßig an, es können aber auch so wenige sein, dass es sich nur um bloße Notizen handelt. Vermeiden Sie stehendes Wasser, und wenn Sie Angst vor Mücken haben, setzen Sie einige Goldfische ein. Sie mögen Mückenlarven .

Seerosen und Sagittaria – eine Pflanze reicht aus, wenn das Becken klein ist – im Wasser und in der Nähe davon, aber nicht in stehendem Wasser, Japanische Schwertlilie, Gelbe Flagge, Trollblume und *Lythrum Roseum* sind eine gute Wahl. Vergissmeinnicht ist eine der schönsten Pflanzen für Banken. Verwenden Sie die mehrjährige Art (*Myosotis palustris semperflorens*).

Der Moorgarten reproduziert einfach die Moorbedingungen. Als Ergänzung zum Steingarten kann es sich um eine kleine Stelle mit stets feuchtem und moosbedecktem Boden handeln, in der die einheimischen Cypripedien und Kannenpflanzen gedeihen. Es müssen 18 bis 20 Zoll geeigneter Boden, eine Mischung aus Blattschimmel, Torf und Lehm, in den etwas Sand und Kies eingerührt wurde, bereitgestellt werden. Bei einem künstlichen Moor kann der Boden aus Zement oder Lehm bestehen.